EXERCICES
D'ANALYSE CHIMIQUE
QUANTITATIVE

PUBLIÉS PAR

JEAN KRUTWIG
DOCTEUR EN SCIENCES NATURELLES
ANCIEN ASSISTANT À L'UNIVERSITÉ DE BONN
CHEF DES TRAVAUX CHIMIQUES À L'ÉCOLE DES MINES DE LIÉGE.

PARIS,
LIBRAIRIE SAVY,
77, BOULEVARD SAINT-GERMAIN, 77.
1885.

Table des matières.

Avant-Propos.

Ce petit recueil d'exercices d'analyse quantitative s'adresse à ceux qui commencent l'étude de la chimie analytique. L'auteur a eu en vue, en choisissant ses exemples, d'offrir aux élèves une série d'exercices gradués, leur permettant de rencontrer des difficultés de plus en plus grandes; c'est ainsi qu'après avoir appris à doser le fer, on finira par séparer les éléments contenus dans un minéral déjà assez compliqué tel que le feldspath. En outre l'application de ces exemples habituera l'élève à travailler dès le début avec le plus grand soin.

L'auteur a cru bien faire en mentionnant l'analyse quantitave par électrolyse. Les travaux remarquables de Mr. Classen ont prouvé suffisamment l'importance de ce genre d'analyse, malheureusement trop souvent négligé.

A l'élève maintenant, comme le dit Fresenius dans l'introduction de son traité d'analyse quantitative, de joindre au savoir et à l'habileté une volonté sincère d'arriver à la vérité, une conscience scrupuleuse dans les opérations.

Éléments.	Poids atomiques.	Composés à l'état desquels les éléments sont déterminés.	Poids moléculaires de ces composés.
Aluminium	27.08	Al_2O_3	102.16
Antimoine	120.29	Sb_2S_3	336.76
Argent	107.93	AgCl	143.38
Arsenic	75.00	As_2S_3	246.18
Azote	14.04	$(AzH_4)_2PtCl_6$	443.61
Baryum	137.04	$BaSO_4$	233.10
Bismuth	208.01	Bi_2O_3	464.02
Bore	11.00		
Brome	79.96	AgBr	187.89
Cadmium	112.08	CdO	128.08
Calcium	0.040	CaO	56.00
		$CaCO_3$	100.00
		$CaSO_4$	136.06
Carbone	12.00	CO_2	44.00
Chlore	35.45	AgCl	143.38
Chrome	52.30	Cr_2O_3	152.60
Cobalt	59.10	Co_3O_4	241.30
Cuivre	63.33	CuO	79.33
		Cu_2S	158.66
Étain	118.12	SnO_2	150.00
Fer	56.00	Fe_2O_3	160.00
Fluor	19.01	$CaFl_2$	78.02
Hydrogène	1.00	H_2O	18.00
Iode	126.86	AgI	234.79
Magnésium	24.38	$Mg_2P_2O_7$	222.82

Éléments.	Poids atomiques.	Composés à l'état desquels les éléments sont déterminés.	Poids moléculaires de ces composés.
Manganèse	55.02	Mn_3O_4	229.06
Mercure	200.40	HgS	232.10
Nickel	58.50	NiO	74.50
Or	196.70		
Oxygène	16.00		
Phosphore	31.03	$Mg_2P_2O_7$	222.82
Platine	194.83		
Plomb	206.91	$PbSO_4$	302.97
Potassium	39.13	K_2SO_4	174.42
Silicium	28.06	SiO_2	60.06
Sodium	23.05	Na_2SO_4	142.16
Strontium	87.52	$SrSO_4$	183.58
Soufre	32.06	$BaSO_4$	233.10
Zinc	65.38	ZnO	81.38

Calcul des Analyses.

Soit à déterminer la quantité d'argent renfermé dans de l'azotate d'argent. On pèse en premier lieu une certaine quantité de ce sel, ensuite on engage l'argent qui y est contenu dans un composé susceptible d'étre pesé avec exactitude et pour lequel on connaît le rapport des poids des éléments qui le constituent. Ce composé est le chlorure d'argent: nous savons en effet que 143,38 parties de chlorure d'argent renferment 35,45 parties de chlore et 107,93 parties d'argent.

Représentons par *a* la quantité d'azotate d'argent que nous avons pesé et par *b* la quantité de chlorure obtenu. Nous pourrons connaître la quantité d'argent contenu dans ce chlorure en résolvant la proportion suivante:

$$AgCl : Ag :: b : x,$$

$$143,38 : 107,93 :: b : x.$$

x = la quantité d'argent trouvée.

S'agit-il maintenant de déterminer combien 100 parties d'azotate d'argent renferment d'argent, on résoudra la proportion:

$$a : x :: 100 : x'.$$

x' = la part sur cent en argent.

Le calcul est toujours le même pour toutes les analyses faites par pesée.

L'exemple suivant montre la manière de noter les pesées que l'on a faites ainsi que les résultats obtenus:

verre de montre + azotate d'argent = 12,6436
" " vide = 12,4120

azotate d'argent = 0,2316

creuset + chlorure d'argent + cendres du filtre = 18,8427
" vide = 18,6620

0,1807

poids des cendres du filtre = 0,0004

chlorure d'argent = 0,1803

0,1803 chlorure d'argent = 0,1356 d'argent.
0,2316 azotate d'argent = 58,55 % d'argent.
théoriquement 63,50 %.

Dosages par pesée.

Fer.

Détermination de la quantité de fer contenu dans un fil de ce métal. Elle est basée sur la précipitation du fer par l'ammoniaque à l'état d'hydrate ferrique $Fe_2(OH)_6$.

On pèse sur verre de montre 0,15 à 0,2 gr de fil de fer. Le fil pesé est introduit dans un vase de Berlin et traité à chaud, de préférence sur bain-marie, par de l'acide chlorhydrique de concentration moyenne. Le fer se dissout dans l'acide en formant du chlorure ferreux:

$$Fe_2 + 4HCl = Fe_2Cl_4 = 2H_2.$$

On fait passer le sel ferreux à l'état de sel ferrique à l'aide de l'acide azotique en évitant toutefois un excès d'acide. On peut employer un mélange d'acide azotique et d'acide chlorhydrique pour faire la dissolution; on évitera ainsi une oxydation ultérieure.

Dans les solutions concentrées de sel ferreux l'acide azotique produit une coloration brun foncé disparaissant à chaud; cette coloration est due à la dissolution de l'oxyde azotique dans le sel ferreux.

La solution peroxydée et étendue d'une forte quantité d'eau est traitée par un excès d'ammoniaque qui donne naissance au composé $Fe_2(OH)_6$ brun, insoluble dans l'eau:

$$Fe_2Cl_6 + 6AzH_3H_2O = Fe_2(OH)_6 + 6AzH_4Cl.$$

On laisse le précipité se déposer au fond du vase de Berlin et on ne filtre en premier lieu que le liquide incolore couvrant le précipité. On verse de l'eau chaude dans le vase de Berlin en ayant soin d'agiter le précipité dans ce liquide: la partie dissoute est de nouveau filtrée. On renouvelle cette opération trois à quatre fois avant de porter le précipité sur le filtre. L'hydrate ferrique est lavé sur le filtre à l'eau chaude jusqu'à ce que les eaux de lavage ne donnent plus de réaction avec une solution faiblement acide d'azotate d'argent. Cette dernière substance peut recéler la présence du chlorure ammonique dans le filtrat par la formation du précipité blanc AgCl insoluble. Ce lavage, comme c'est d'ailleurs toujours le cas dans l'analyse chimique, doit être fait avec le plus grand soin: le motif en sera donné plus loin.

Le précipité d'hydrate ferrique est séché à l'étuve et introduit dans un creuset en platine ou en porcelaine après avoir été auparavant détaché du filtre. Ce dernier est brûlé dans l'incinérateur en platine; la cendre est introduite ensuite dans le creuset que l'on a eu soin de peser à l'avance.

Le précipité est calciné, mais pas trop fort au début. Le résidu de la calcination renferme de l'oxyde ferrique et les cendres du filtre. Si, par suite d'un lavage incomplet l'hydrate ferrique renfermait encore du chlorure ammonique, ce dernier réagirait pendant la calcination sur l'oxyde ferrique pour former du chlorure ferrique volatil. On arriverait donc à un poids d'oxyde ferrique trop faible.

Comme l'oxyde ferrique obtenu par calcination renferme toujours un peu de silice provenant soit du verre, soit du fil de fer lui-même, on met le résidu à digérer, avec de l'acide chlorhydrique concentré; celui-ci dissout complètement l'oxyde ferrique, mais est sans action sur la silice et sur les cendres du filtre. On étend d'eau et on filtre. Le filtre est de nouveau séché, calciné et pesé. Le poids obtenu est celui de la silice plus les cendres des deux filtres:

$$Fe_2O_3 : Fe_2 :: b : x.$$

b = oxyde ferrique pesé.
x = quantité de fer trouvée.

Aluminium.

Détermination de l'aluminium dans l'alun de potassium, $K_2Al_2(SO_4)_4 + 24H_2O$ fondée sur la précipitation à l'état d'hydrate aluminique $Al_2(OH)_6$. —

L'alun cristallisé est réduit en poudre et séché entre des feuilles de papier à filtrer. On pèse sur verre de montre 1,5 à 2 gr de ce sel. La dissolution se fait au bain-marie dans une capsule en porcelaine ou en platine; éviter l'emploi d'un vase en verre qui serait attaqué.

A la solution chaude et étendue on ajoute du sel ammonique et un léger excès d'ammoniaque; le mélange est porté à l'ébullition. On chauffe jusqu'à départ complet de l'ammoniaque, ce que l'on constate par ce que la solution sera neutre. (Prélever à cet effet une goutte du liquide qu'on aura soin de reverser dans la capsule.) Il faut aussi éviter de chauffer trop longtemps, sinon la solution deviendrait acide par suite de la décomposition du chlorure ammonique et le précipité d'hydrate aluminique se redissoudrait. On ne peut non plus faire la précipitation dans un vase en verre parce que celui-ci serait attaqué par la solution ammoniacale chaude:

$$K_2Al_2(SO_4)_4 + 6AzH_3H_2O =$$
$$K_2SO_4 + 3SO_4(AzH_4)_2 + Al_2(OH)_6.$$

On laisse déposer le précipité et on décante sur un filtre le liquide comme il a été dit pour le fer. Il est bon de faire la filtration rapidement en se servant d'un appareil à dépression.

Le précipité est séché et calciné avec précaution afin d'éviter les projections produites par une dessication incomplète de l'hydrate aluminique. On chauffe ensuite au blanc au moyen du chalumeau, pour chasser les dernières traces d'acide. La présence de cet acide provient de ce qu'il se forme, dans la précipitation de l'hydrate aluminique, un peu de sulfate basique qui ne perd son acide que lorsqu'il est chauffé au blanc:

$$K_2Al_2(SO_4)_4 + 24H_2O : Al_2O_3 :: 100 : x.$$

Calcium.

Détermination de ce métal dans le Spath d'Islande ($CaCO_3$) fondée sur la précipitation par l'oxalate ammonique. Peser sur verre de montre 0,5 à 1 gr de substance. La dissolution se fait à froid, dans un vase de Berlin, par de l'acide chlorhydrique étendu; le liquide est chauffé ensuite et additionné d'un excès d'oxalate ammonique et d'ammoniaque jusqu'à réaction alcaline:

$$CaCl_2 + C_2O_4(AzH_4)_2 = CaC_2O_4 + 2AzH_4Cl.$$

On abandonne le vase de Berlin pendant vingt quatre heures dans un endroit chaud jusqu'à ce que le précipité se soit complètement déposé. Il faut avoir soin de ne pas toucher les parois du vase avec l'agitateur, l'oxalate calcique adhérant fortement au verre. On décante sur un filtre comme précédemment et on rassemble le précipité sur le filtre en le chassant avec de l'eau chaude. On lave à l'eau chaude. S'il y a un résidu sur les parois du vase il faut le dissoudre dans de l'acide chlorhydrique, recommencer la précipitation par l'oxalate ammonique et ajouter le précipité formé au premier. Le précipité est séché et calciné dans un creuset en platine. A cet effet on chauffe d'abord en tenant la lampe à la main de manière à ne porter au rouge que le fond du creuset. L'oxalate se transforme en carbonate et, si l'on avait chauffé trop fort, en un mélange d'oxyde et de carbonate. On laisse refroidir le creuset, on humecte le contenu avec un peu d'eau et on y introduit un morceau de carbonate ammonique pur. On évapore et on chauffe de nouveau le creuset au rouge. Ce traitement est renouvelé jusqu'à ce que deux pesées consécutives concordent. Alors le creuset ne renferme que du carbonate calcique.

Eau, Acide sulfurique, Magnésium.

Détermination de ces substances dans le sulfate magnésique $MgSO_4 + 7H_2O$.

Eau. Est déterminée par perte de poids. On pèse environ 0,5 gr de sulfate dans un creuset en porcelaine et on chauffe d'abord doucement. Puis on élève la température et on maintient le creuset au rouge pendant quelque temps. On le laisse refroidir un peu à l'air, puis dans l'exsiccateur, et on le pèse quand il est froid. On chauffe de nouveau et on pèse. On procède ainsi jusqu'à ce que le creuset n'éprouve plus de perte de poids. Dans le sulfate magnésique une molécule d'eau est expulsée plus difficilement que les six autres.

Acide sulfurique: à l'état de sulfate barytique. On pèse sur verre de montre 0,3 à 0,5 gr de sulfate. Celui-ci est introduit dans un vase de Berlin pas trop grand et dissous dans une petite quantité d'eau en vue d'obtenir une solution plus ou moins concentrée du sel. La solution est additionnée de **quelques gouttes d'acide chlorhydrique** (éviter un excès d'acide) et portée à **l'ébullition.** On y verse alors du chlorure barytique et on laisse déposer:

$$MgSO_4 + BaCl_2 = MgCl_2 + BaSO_4.$$

Ordinairement, quand la précipitation a été bien faite, le précipité se dépose rapidement au fond du vase. Dans le cas contraire, le liquide reste laiteux et le sulfate barytique passe à travers le filtre; ceci arrive presque toujours quand la précipitation n'a pas été faite à l'ébullition.

On filtre par décantation, on met le précipité à digérer avec de l'eau bouillante, on décante de nouveau et on recommence ces opérations jusqu'à ce que l'eau de lavage ne renferme plus de chlore. On filtre le précipité, on le sèche et on le calcine, dans un creuset:

$$BaSO_4 : SO_4 :: b : x.$$

Magnésium. A l'état de pyrophosphate magnésique. Peser sur verre de montre 1 gr de substance. La dissolution se fait dans un vase de Berlin. On ajoute à la solution de l'ammoniaque et du chlorure ammonique. On verse la solution de ce dernier sel jusqu'à ce que l'ammoniaque ne donne plus de précipité d'hydrate magnésique blanc soluble dans les sels ammoniques. Le liquide ainsi préparé est traité par une solution de phosphate sodique ou ammonique en excès, qui forme un précipité blanc cristallin de $PO_4Mg(NH_4) + 6H_2O$. On agite en évitant de toucher les parois du vase avec l'agitateur et on laisse reposer pendant vingt quatre heures. On filtre et on lave avec un mélange de 3 parties d'eau et d'1 partie d'ammoniaque jusqu'à ce que le liquide qui passe ne donne plus de réaction avec une solution acide d'azotate d'argent.

On met sécher, on calcine (le filtre à part) en chauffant au rouge vif. On obtient ainsi du $Mg_2P_2O_7$. Si le résidu n'était pas blanc on calcine avec un peu d'azotate ammonique:

$$Mg_2P_2O_7 : Mg_2 :: b : x.$$

Séparations.

L'argent d'avec le cuivre.

La séparation est basée sur la précipitation de l'argent de ses solutions par l'acide chlorhydrique à l'état de chlorure d'argent insoluble.

Peser sur verre de montre le quart ou le cinquième d'une pièce d'un demi franc préalablement décapée. La dissolution se fait dans un vase de Berlin couvert d'un verre de montre et au bain-marie au moyen d'acide azotique de concentration moyenne. La solution évaporée, renfermant le cuivre et l'argent à l'état d'azotates dissous, est reprise par de l'eau, additionnée d'un peu d'acide azotique et chauffée à une température de 60 à 70 degrés. On verse peu à peu de l'acide chlorhydrique jusqu'à ce qu'il ne se forme plus de précipité. Eviter un excès d'acide dans lequel le chlorure d'argent est un peu soluble. Il faut avant tout bien rassembler le precipité sinon celui-ci passerait à travers le filtre: on parvient au résultat en agitant le mélange avec une baguette en verre jusqu'à ce que le liquide s'éclaircisse rapidement. On filtre et on lave d'abord à l'eau chaude acidulée d'un peu d'acide azotique, puis à l'eau chaude pure. On met sécher.

Le chlorure d'argent, facilement réductible, passe

à l'état d'argent métallique pendant l'incinération du filtre. Si l'incinération de ce dernier était faite sur un fil en platine, l'argent réduit se combinerait à celui-ci et il y aurait perte de substance. C'est pour ce motif qu'il faut suivre pour la calcination du chlorure le procédé suivant:

On pèse deux creusets en porcelaine. On introduit dans l'un tout ce que l'on peut détacher de chlorure d'argent du filtre; on chauffe ce chlorure jusqu'à commencement de fusion et on pèse. L'augmentation en poids représente la quantité de chlorure. Le filtre est coupé en petits morceaux. On chauffe ensuite le fond du second creuset au rouge et on y introduit un à un les morceaux du filtre. Le chlorure d'argent qui était resté adhérant à ce dernier est réduit à l'état d'argent et le filtre incinéré. On pèse. Le poids est oclui de l'argent avec les cendres du filtre. En réunissant l'argent trouvé, directement ou par calcul, dans les deux creusets, on aura la totalité de l'argent renfermé dans la pièce de monnaie.

La solution de cuivre suffisamment étendue est mise dans une capsule en platine ou en porcelaine et portée à l'ébullition. On y verse alors un excès d'une solution d'hydrafe potassique ou sodique et on laisse se déposer le précipité d'oxyde cuivrique noir formé. On filtre, d'abord par décantation, et en reprenant toujours par de l'eau bouillante. Le lavage du précipité sur le filtre se fait aussi à l'eau chaude, l'oxyde cuivrique retenant énergiquement les hydrates alcalins fixes. On calcine au rouge en évitant l'action réductrice du gaz sur l'oxyde. S'il y avait eu réduction à l'état métallique, on humecterait le résidu avec un peu d'acide azotique, on évaporerait à sec et on calcinerait de nouveau.

Il arrive aussi que le précipité d'oxyde cuivrique se laisse difficilement détacher des parois du vase dans lequel la précipitation a été faite. On redissout ces parcelles d'oxyde cuivrique dans de l'acide azotique et on recommence la précipitation en solution très-étendue.

Fer d'avec le manganèse.

Fondée sur la précipitation du fer à l'état d'acétate de fer basique.

Peser sur verre de montre 0,1 à 0,2 gr de fil de fer et environ 0,2 gr d'oxyde manganoso-manganique. La dissolution dans HCl chaud se fait dans un vase de Berlin et au bain-marie. On ajoute de l'acide azotique pour peroxyder le fer. Si trop d'acide, en évaporer l'excès. La solution étendue suffisamment est d'abord neutralisée par du carbonate sodique ce qui lui donne une couleur brun foncé. On la traite ensuite à chaud par de l'acétate ammonique ou de l'acétate sodique. Il se forme par double décomposition de l'acétate neutre de fer soluble qui est décomposé à chaud par l'eau en donnant un précipité brun insoluble d'acétate de fer basique

$$\begin{array}{l} \phantom{FeCl_3 + {}} NaCO_2CH_3 \\ FeCl_3 + NaCO_2CH_3 = 3NaCl + Fe(CO_2CH_3)_3 \\ \phantom{FeCl_3 + {}} NaCO_2CH_3 \end{array}$$

$$Fe \left\{ \begin{array}{l} CO_2CH_3 \\ CO_2CH_3 \\ CO_2CH_3 \end{array} \right. + H_2O = OFeCH_3.CO_2 + 2CH_3.CO_2H.$$

On laisse le précipité se rassembler au fond du vase, on filtre, par décantation, et on lave à l'eau bouillante additionnée d'un peu d'acétate sodique ou ammonique.

Comme ce sel basique retient des bases fortes on est obligé de le redissoudre dans de l'acide chlorhydrique et de précipiter de nouveau le fer à l'état d'hydrate par l'ammoniaque. Voir les détails au dosage du fer.

La solution qui renferme le manganèse est traitée à chaud dans une capsule en platine ou en porcelaine par du carbonate sodique en excès. On filtre par décantation et on lave à l'eau chaude. Le filtrat et les eaux de lavage doivent être concentrés afin de précipiter le manganèse qui serait resté en solution et que l'on filtre séparément. On incinère les deux filtres et on calcine à haute température le précipité de carbonate afin de le transformer complètement en Mn_3O_4 que l'on pèse. Mn_3O_4 retient souvent un peu d'alcalis; on le traite par de l'eau chaude pour le débarrasser de ces impuretés, on filtre et on calcine de nouveau.

Étain, plomb, cuivre et zinc.

Le laiton est un alliage de cuivre et de zinc accompagnés le plus souvent de plomb et d'étain.

On pèse environ 2 gr de l'alliage que l'on dissout dans de l'acide azotique assez concentré. On évapore dans une capsule en porcelaine, on reprend par de l'eau et on filtre le précipité blanc d'acide métastannique. La calcination se fait dans un creuset en porcelaine et au chalumeau (l'acide étant difficile à déshydrater). On pèse à l'état d'oxyde d'étain SnO_2. La solution renferme du plomb, du cuivre et du zinc. On sépare le plomb par sa précipitation à l'état de sulfate insoluble. La solution, additionnée d'un peu d'acide sulfurique, est évaporée à l'effet d'éliminer entièrement l'acide azotique qui empêcherait la précipitation complète du sulfate de plomb. On reprend par de l'eau, on ajoute le double de son volume d'alcool et on laisse reposer quelques heures. Le précipité est filtré et lavé à l'alcool; on le calcine dans un creuset en porcelaine et on le pèse à l'état de sulfate.

La solution filtrée ne contient plus que le cuivre et le zinc. La séparation de ces deux corps est basée sur la précipitation du cuivre en solution acide par l'acide sulfhydrique.

On chauffe la solution pendant quelque temps pour la débarrasser de l'alcool qui avait servi à la précipitation du sulfate de plomb, puis on y fait passer un courant d'acide sulfhydrique jusqu'à saturation; le cuivre est ainsi précipité à l'état de sulfure. (On peut aussi faire la précipitation en solution sulfurique et chaude par l'hyposulfite sodique $Na_2S_2O_3$ qui donne un précipité de sulfure moins oxydable à l'air que celui obtenu par l'acide sulfhydrique.) On filtre et on lave à l'eau chargée d'acide sulfhydrique et d'acide chlorhydrique: l'acide sulfhydrique empêche l'oxydation du sulfure de cuivre et l'acide chlorhydrique s'oppose à la précipitation du sulfure de zinc sur le filtre (40 vol. d'eau chargée d'acide sulfhydrique et 1 vol. d'acide chlorhydrique de concentration moyenne. — (Berglund.)

Le précipité de sulfure de cuivre peut être soumis à deux traitements différents. Dans le premier on le calcine au rouge dans un creuset fermé en soulevant de temps à autre le couvercle afin de donner accès à l'air; le résidu se compose d'un mélange de Cu_2S et de CuO dont on calcule la teneur en cuivre à l'aide de la proportion: $CuO : Cu :: b : x$ ou par

$$Cu_2S : Cu_2 :: b : x$$

le rapport des poids atomiques étant le même dans les deux proportions.

Dans le second traitement on mélange le précipité avec du soufre **pur** et on le calcine au **creuset de Rose** dans un courant d'hydrogène. On a soin de laisser refroidir dans un courant de ce gaz. Le résidu se compose de Cu_2S et des cendres du filtre.

La solution ne renferme plus que le sel de zinc et l'excès des acides sulfhydrique, chlorhydrique, provenant du lavage, et l'acide sulfurique. On chasse l'excès d'acide sulfhydrique par évaporation et on précipite à chaud le zinc à l'état de carbonate, blanc, par le carbonate sodique. Ce précipité est filtré par décantation, lavé à l'eau chaude, séché et calciné au rouge: il est transformé ainsi en ZnO. Pour empêcher l'action réductrice du filtre on humecte ce dernier à l'aide d'un peu d'azotate ammonique.

Potassium d'avec le sodium.

Séparation fondée sur l'insolubilité du chloroplatinate de potassium dans l'alcool. K_2PtCl_6.

Peser 0,5 gr de carbonate sodico-potassique que l'on a eu soin de calciner auparavant. La dissolution se fait dans de l'acide chlorhydrique étendu afin de transformer les carbonates en chlorures. On évapore l'excès d'acide au bain-marie en se servant d'une capsule en porcelaine, on reprend la masse par aussi peu d'eau que possible et on ajoute un excès d'une solution de chlorure de platine concentrée et neutre. La solution est de nouveau évaporée au bain-marie, le résidu traité par de l'alcool à 80 % et de l'éther ensuite; on laisse reposer le tout pendant quelques heures. Le liquide couvrant le précipité doit être jaune si la précipitation a été complète.

On filtre sur un filtre en asbest taré, on lave à l'alcool et à l'éther et on dessèche à 130°. Le chloroplatinate potassique est pesé avec le filtre. En soustrayant le poids du filtre on aura la quantité de chloroplatinate potassique.

On trouve la quantité de sodium par différence.

Analyse d'une substance inattaquable ou difficilement attaquable par les acides.

Grenats.

Silicate d'aluminium, de fer et de calcium.

On lave les grenats avec un peu d'eau acidulée pour les débarrasser des substances étrangères qui les accompagnent et on les sèche ensuite entre des doubles de papier à filtrer. Pour la pulvérisation de la substance on fait usage d'un mortier en acier. On place le mortier sur un support solide et avec un marteau on frappe sur la tête du pilon. Les morceaux sont broyés dans un mortier en agate et on tamise la poudre obtenue à travers un morceau de toile fine bien sèche.

On pèse dans un creuset en platine 0,5 à 1 gr de la substance pulvérisée et tamisée; on l'attaque dans ce creuset avec plus de cinq fois son volume de fondant alcalin, de préférence le carbonate sodico-potassique. Il faut que le silicate et le fondant soient mélangés intimement avant de commencer l'attaque. Les silicates insolubles sont transformés par fusion avec les carbonates alcalins en silicates alcalins solubles et en un mélange d'oxydes et de carbonates des métaux unis auparavant à l'acide silicique. La fusion se fait au début à la flamme d'une lampe de Bunsen et ensuite au chalumeau à gaz pendant au moins une demi-heure. On laisse refroidir le creuset et on le place dans une capsule en porcelaine assez grande. On introduit dans la capsule un peu d'eau acidulée d'acide chlorhydrique afin de détacher du creuset la masse fondue.

Lorsque ceci est fait, on ajoute une quantité d'acide chlorhydrique étendu plus grande et on chauffe le tout sur bain-marie. Les silicates se dissolvent alors ainsi que les oxydes et les carbonates qui sont transformés en chlorures solubles. L'attaque aura été complète, si, en frottant une baguette en verre à bout arrondi contre les parois de la capsule on ne perçoit plus de grincement. Si l'attaque n'a pas été suffisante on filtre le résidu et on le fait fondre de nouveau avec les fondants alcalins.

Admettons que l'attaque ait été complète. On évapore à sec sur bain-marie. Le résidu est repris par de l'acide chlorhydrique concentré et évaporé de nouveau à siccité. L'acide chlorhydrique concentré rend la silice insoluble en transformant l'acide silicique normal $Si(OH)_4$ soluble en acide de la formule SiO_3H_2, appelé aussi silice gélatineuse insoluble. En reprenant par de l'eau on obtient une solution jaune à cause de la présence du fer et renfermant l'aluminium, le fer et le calcium à l'état de chlorures dissous et un précipité de SiO_3H_2. Celui-ci est séparé du liquide par filtration, après avoir séparé auparavant la majeure partie de la solution par décantation, comme il a été dit pour la filtration de l'hydrate ferrique. La silice est lavée à l'eau, séchée et calcinée dans un creuset en platine.

Le produit de la calcination est de l'anhydride silicique SiO_2 blanc.

Le filtrat renferme le fer, l'aluminium et le calcium.

On précipite le fer et l'aluminium à l'état d'hydrates ferrique et aluminique au moyen de l'ammoniaque (éviter un excès).

La séparation du fer et de l'aluminium se fait par l'hydrate sodique qui dissout l'aluminium en formant un aluminate. On dose le fer et l'aluminium à l'état d'oxydes (voir fer et aluminium).

On précipite le calcium dans le filtrat par l'oxalate ammonique (voir calcium).

Feldspath.

Si_3O_8AlK (renferme aussi souvent du fer).

Quand on a aussi à doser le potassium et le sodium dans une substance difficilement attaquable par les acides ordinaires on attaque celle-ci par de l'acide fluorhydrique concentré ou bien par un mélange de fluorure ammonique et d'acide sulfurique concentré. Le silicium se dégage alors à l'état de fluorure de silicium gazeux. Il est à remarquer que si l'on se sert exclusivement d'acide fluorhydrique le silicium ne s'élimine pas complètement à l'état de fluorure: on obtient aussi des combinaisons fixes du fluor et du silicium connues sous le nom de fluosilicates:

$$CaSiO_3 + 6HFl = CaSiFl_6 + 3H_2O.$$

Pour expulser le silicium de composés de ce genre on traite ceux-ci par de l'acide sulfurique; le silicium passe alors à l'état de fluorure et d'acide fluosilicique.

On pèse environ 1 gr de substance pulvérisée et tamisée et on en fait l'attaque dans une capsule en platine par les réactifs indiqués plus haut. On chasse par évaporation l'excès d'acide sulfurique, on reprend par de l'acide chlorhydrique et on précipite le fer et l'alumine par le carbonate ammonique.

On dose et on sépare dans le filtrat les métaux alcalins d'après la méthode indiquée précédemment. Il est évident qu'il faut d'abord éliminer les sels ammoniques par une calcination qui doit être faite avec grand soin afin d'éviter des projections de substance.

Dosages volumétriques.

Acidimétrie et alcalimétrie.

Poids moléculaires des substances dont on fait le plus d'usage dans l'alcalimétrie et l'acidimétrie:

$KHO = 56.1$ | $HCl = 36,5$
$NaOH = 40$ | $HNO_3 = 63$
$NH_3 = 17$ | $H_2SO_4 = 98$
$K_2CO_3 = 138,2$ | $C_2H_2O_4 + 2H_2O = 126.$
$Na_2CO_3 = 106.$

Préparation de la solution sulfurique.

On la fait à un titre se rapprochant de celui de la solution normale décime. On pèse à cet effet environ 10 gr. d'acide sulfurique anglais que l'on verse dans un flacon jaugé et que l'on étend d'eau jusqu'au volume d'un litre.

Préparation de la solution d'hydrate sodique.

On dissout 9 gr d'hydrate sodique dans de l'eau; on élimine en premier lieu l'anhydride carbonique en faisant bouillir la solution avec un peu de chaux puis on étend d'eau jusqu'au volume d'un litre. On laisse déposer; après quoi on siphone le liquide clair dans un autre flacon fermé par un bouchon donnant passage à un tube contenant de la chaux sodée.

Détermination du rapport qui existe entre la solution sulfurique et la solution d'hydrate sodique.

On verse dans une burette l'acide sulfurique et dans une autre l'hydrate sodique. On laisse couler dans un vase de Berlin assez grand 10 cc de la solution sulfurique, on ajoute un peu de tournesol qui la colore en rouge et on laisse couler de la solution d'hydrate sodique jusqu'à apparition d'une couleur bleue persistante. Cet essai est répété plusieurs fois et on prend la moyenne des déterminations.

Détermination du titre de l'acide sulfurique.

On chauffe dans un creuset en platine une certaine quantité de bicarbonate de soude purifié auparavant à l'eau et séché. On laisse refroidir dans l'exsiccateur et on introduit une certaine quantité de carbonate dans un flacon en verre. On pèse ce petit flacon et le carbonate sodique qu'il renferme; puis on projette une certaine quantité de ce sel, environ 7 gr, dans un matras assez grand et on étend d'eau jusqu'au volume de 200 cc On prélève 50 cc de cette solution au moyen d'une pipette et on les verse dans un matras. On ajoute quelques gouttes de la solution de tournesol et on laisse couler la solution d'acide sulfurique jusqu'à ce que la couleur bleue passe au violet. Le liquide contenu dans le matras est porté à l'ébullition: il redevient bleu à mesure que l'acide carbonique se dégage. On laisse couler l'acide sulfurique jusqu'à persistance de la couleur rouge On titre l'excès d'acide par la solution d'hydrate sodique.

106 = poids moléculaire du carbonate sodique

98 = „ „ „ acide sulfurique

a = quantité de carbonate pesée.

x = quantité d'acide sulfurique employée.

$106 : 98 :: a : x.$

Il sera facile aussi de déterminer le titre de la solution d'hydrate sodique. Admettons que le rapport en volume de la solution sulfurique à la solution d'hydrate sodique soit de 1. il ne reste plus qu'à résoudre la proportion

$$98 : 80 :: a : x.$$

Par précipitation.

Dosage du chlore dans les chlorures.

Principe: quand on a une solution renfermant un mélange de chromate potassique et de chlorure alcalin et qu'on y laisse couler une solution d'azotate d'argent, il ne se forme du chromate d'argent rouge insoluble que lorsque tout le chlorure a été précipité à l'état de chlorure d'argent.

On dissout 17 gr d'azotate d'argent dans de l'eau et on étend à un litre; ou bien 8,5 gr. de ce sel dans 500 cc. d'eau.

Peser dans un petit flacon 0,1 à 0,2 gr de chlorure sodique préalablement chauffé au rouge. On dissout cette quantité de chlorure introduite dans un vase de Berlin dans 30 à 40 cc d'eau et on ajoute quelques gouttes d'une solution de chromate neutre de potassium. On laisse couler d'une burette la solution d'azotate d'argent jusqu'à persistance du précipité rouge.

Il est important de travailler en solution neutre: quand celle-ci est alcaline on la neutralise par de l'acide azotique, dans le cas contraire par du carbonate sodique.

Par oxydation.

Dosage du fer par le permanganate de potassium.

La méthode est fondée sur le principe suivant: Quand on ajoute du permanganate de potassium à une dissolution acide de sel ferreux, celui-ci est oxydé tandis que le permanganate de potassium est réduit.

$$10FeSO_4 + 8H_2SO_4 + 2KMnO_4 =$$
$$5(Fe_2)(SO_4)_3 + K_2SO_4 + 2MnSO_4 + 8H_2O.$$

Comme un peu de permanganate dissous dans l'eau communique à celle ci une belle coloration rose, la peroxydation complète du sel ferreux se trouve indiquée par la persistance de la coloration rouge du permanganate de potassium.

On pèse environ 0,1 à 0,15 gr de fil de fer et on le dissout dans environ 30 cc. d'acide sulfurique étendu. La dissolution se fait dans un matras ou dans un ballon et à l'abri de l'air. On remplit cette dernière condition en mettant dans la solution un peu de carbonate de sodium pour chasser l'air du matras par l'acide carbonique qui se dégage ou bien en faisant passer à travers la solution un courant de CO_2 dégagé au moyen d'un appareil spécial. La dissolution du fer ne se fait bien qu'à chaud; quand celle-ci est terminée on étend la solution d'eau, environ 200 cc. et on place le matras sur un morceau de papier blanc. On laisse couler alors, hors d'une burette, du permanganate potassique jusqu'à ce que l'on obtienne une coloration rose qui persiste durant quelques minutes. Des conditions indispensables pour le dosage au moyen du permanganate sont:

1⁰ Que la solution soit étendue.

2⁰ Qu'il y ait une quantité suffisante d'acide sulfurique, sinon il se formerait un précipité brun d'hydrate de manganèse.

3° Eviter la présence de l'acide chlorhydrique qui produit une action secondaire avec le permanganate. Cette action est empêchée par la présence d'un peu de sulfate manganeux.

Si le fer est déjà oxydé on réduit sa solution par du zinc pur ou dont on connaît la teneur en fer.

Par réduction.

Dosage du fer par le chlorure stanneux.

Principe: une solution jaune de chlorure ferrique traitée par du chlorure stanneux devient incolore par suite de la réduction du sel ferrique à l'état de sel ferreux dont les solutions étendues sont incolores:

$$Fe_2Cl_6 + SnCl_2 = Fe_2Cl_4 + SnCl_4.$$

Le terme de la réaction est donc marqué par la disparition de la coloration jaune, ce qui s'indique assez difficilement. C'est pour ce motif qu'on préfère ajouter un excès de chlorure stanneux et titrer celui-ci en retour par une solution d'iode.

Peser sur verre de montre 0,2 gr environ de fil de fer. Celui est dissous dans de l'acide chlorhydrique assez concentré et peroxydé par une des substances suivantes: le chlorate potassique, le chlore, l'eau de brome, le permanganate potassique. On chasse par ébullition l'excès d'oxydant. Néanmoins on s'assure toujours au moyen du ferricyanure si l'oxydation du fer a été complète.

La solution de fer ainsi préparée et qui doit de plus être concentrée et très-acide est chauffée à l'ébullition et on y laisse couler de la solution de chlorure stanneux jusqu'à disparition de la coloration jaune. On refroidit rapidement, on étend d'eau et on titre l'excès de chlorure stanneux au moyen d'une solution d'iode dont on connaît le rapport avec celle de chlorure stanneux.

Dosage des substances qui, traitées par de l'acide chlorhydrique, donnent un dégagement de chlore.

La méthode est basée sur la mise en liberté de l'iode par le chlore et la détermination de l'iode par l'hyposulfite sodique:

$$MnO_2 + 4HCl = MnCl_2 + 2H_2O + Cl_2$$
$$Cl_2 + 2IK = 2KCl + I_2$$
$$I_2 + Na_2S_2O_3 = 2NaI + Na_2S_4O_6.$$

Le terme de cette dernière réaction est marqué par la disparition de la coloration bleue de la solution d'iode préalablement additionnée d'empois d'amidon.

Préparation des solutions titrées.

Hyposulfite sodique.

On dissout 10 gr d'hyposulfite dans 1000 cc d'eau.

Iode.

On dissout 5 gr d'iode sublimé dans une solution concentrée d'iodure potassique, exempt d'iodate, contenant 8 gr de ce sel et on étend la solution à un litre.

Empois d'amidon.

On mélange 1 partie d'empois d'amidon avec 100 parties d'eau et on chauffe ce mélange pendant quelque temps. On laisse refroidir et on décante la solution.

Comme cette dernière ne se conserve pas on est obligé de la préparer avant chaque essai. On détermine le titre de **l'hyposulfite sodique** au moyen d'une petite quantité d'iode sublimé, environ 0,2 gr. L'iode est introduit entre deux verres de montre et pesé. On dissout l'iode dans de l'eau renfermant 1 gr d'iodure potassique en solution. On ajoute ensuite quelques gouttes de la solution d'empois d'amidon et on laisse couler d'une burette la solution d'hyposulfite sodique jusqu'à décoloration du liquide. Le terme de la réaction est nettement marqué.

Dosage du bichromate potassique.

$$K_2Cr_2O_7 + 14HCl = 2KCl + Cr_2Cl_6 + 7H_2O + 3Cl_2.$$

On introduit dans un petit ballon 0,2 à 0,3 gr de bichromate potassique. Le ballon est en communication avec un autre matras de forme spéciale contenant une solution d'iodure potassique dans l'eau.

On verse ensuite dans le ballon de l'acide chlorhydrique concentré et l'on chauffe d'abord doucement et après à l'ébullition. Au bout d'une dizaine de minutes la réaction est achevée. On introduit le contenu du matras dans un vase de Berlin et on le rince à l'eau. Puis on dose au moyen de hyposulfite sodique.

Les rapports suivants permettent de calculer la quantité d'anhydride chromique renfermé dans la quantité de bichromate potassique pesé:

380,58 (3 iode) = 106,35 (3 chlore) =
100,3 d'anhydride chromique CrO_3.

762,16 (6 iode) = 212,7 (6 chlore) =
294,86 de bichromate potassique $K_2Cr_2O_7$.

Dosage colorimétrique.

Procédé d'Eggertz pour la détermination, dans les aciers, du carbone combiné.

Il est fondé sur la solubilité du carbone combiné dans l'acide azotique et sur la coloration jaune qui se produit et dont l'intensité dépend de la quantité de carbone dissous dans l'acide.

Pour que l'analyse puisse être faite convenablement il faut avoir à sa disposition 1° un acier normal c-à-d. un acier dont on connaît la teneur en carbone déterminé par un autre procédé; 2° des éprouvettes graduées pouvant contenir 30 cc et dont le verre est toujours de même épaisseur, condition indispensable.

On pèse exactement 0,1 gr de l'acier normal et la même quantité de l'acier à analyser. On introduit les deux quantités d'acier pesées dans les éprouvettes graduées et on verse dans celles-ci goutte à goutte de l'acide azotique à 1,2. Cet acide azotique ne doit pas renfermer du chlore. Il se produit d'abord une réaction assez vive; c'est pour ce motif qu'il ne faut pas ajouter trop d'acide à la fois. Quand l'espèce d'effervescence a cessé on place les deux éprouvettes dans un vase de Berlin rempli d'eau et on chauffe ce vase au bain-marie dans un endroit qui n'est pas directement exposé aux rayons du soleil. L'emploi d'un thermomètre est nécessaire quand on chauffe le vase de Berlin sur toile métallique; il faut en effet éviter de porter l'eau à une température supérieure à 80°.

La dissolution des aciers est terminée ordinairement au bout de trois heures; le résidu noir est du graphite. On laisse refroidir et on étend la solution d'acier normal d'un nombre de centimètres cubes d'eau qui est en rapport avec sa teneur en % de carbone: Ainsi si l'acier normal renfermait 1 % de carbone on étendrait à 10 cc, s'il y avait une teneur en carbone de 1,1 % on diluerait à 11 cc. On verse ensuite de l'eau dans la dissolution de l'acier à analyser jusqu'à réalisation de la même teinte que celle de l'acier normal. Le nombre de centimètres cubes de liquide indique la teneur en carbone de l'acier à analyser en dixièmes %.

Dosages électrolytiques d'après Classen[1]).

Laiton.

Le cuivre à l'état de sulfate ou d'azotate subit facilement l'électrolyse. Le zinc placé dans les mêmes conditions résiste à l'action du courant électrique. La séparation de ces deux métaux peut donc se faire en solution acide, de préférence en solution sulfurique. La solution azotique a le désavantage de laisser une partie du zinc se précipiter facilement sur le cuivre si l'on n'interrompt pas le courant après dépôt complet de ce dernier métal; de plus l'électrolyse du zinc se fait mal en présence des azotates.

On dissout une quantité d'environ 1 gr. de l'alliage dans de l'acide azotique. On évapore et on chasse complètement l'acide azotique au moyen de l'acide sulfurique. La solution étendue à 100 cc environ est versée dans une capsule en platine et soumise à l'action d'un courant de deux éléments Bunsen. On s'assure ensuite, au moyen de l'ammoniaque, si le cuivre s'est complètement déposé sur les parois de la capsule. L'ammoniaque donne au liquide une coloration bleu intense aussi longtemps que celui-ci renferme encore du cuivre. Lorsque la précipitation est terminée on siphone la solution acide de zinc, en ayant soin de ne pas interrompre le courant. On lave le dépôt à l'eau d'abord et ensuite à l'alcool et l'éther. La capsule est séchée à 100° dans une étuve et pesée.

---

1) voir l'excellent traité de Mr. Classen intitulé: Quantitative Analyse auf electrolytischem Wege.

La solution de zinc est concentrée par évaporation. On neutralise l'excès d'acide par de la potasse et on ajoute un excès d'oxalate potassique. Ce dernier sel forme avec le zinc de l'oxalate double de zinc et de potassium soluble. Enfin on dissout encore dans cette solution 3 à 4 gr d'oxalate ammonique solide. La solution chauffée auparavant est soumise à un courant de 2 éléments Bunsen. L'oxalate de zinc se décompose en anhydride carbonique et en zinc métallique qui se dépose au pôle négatif sous forme d'une masse grisâtre. L'oxalate ammonique se décompose en ammoniaque, anhydride carbonique et en carbonate ammonique; l'oxalate potassique donne, en plus, un dégagement d'hydrogène. La fin de l'électrolyse est marquée par la cessation d'un dégagement de gaz au pôle positif et par ce que le liquide ne donne plus de trouble blanc avec le sulfure ammonique. La capsule en platine est lavée à l'eau chaude, à l'alcool et à l'éther. On sèche à 100° et on pèse.

Cuivre et argent.

On pèse 0,5 à 1 gr de l'alliage (pièce de monnaie) que l'on dissout ensuite dans de l'acide azotique étendu. On évapore l'excès d'acide au bain-marie. La séparation, par électrolyse, des deux métaux est fondée sur la précipitation de l'argent en solution neutre par l'oxalate ammonique à l'état d'oxalate d'argent blanc insoluble dans l'eau mais soluble dans l'ammoniaque et dans les acides. Le cuivre, traité de la même manière, donne de l'oxalate double de cuivre et d'ammoniaque soluble.

On reprend donc la masse évaporée par de l'eau et on

précipite l'argent par un excès d'oxalate ammonique. On filtre et on lave à l'eau. Le précipité d'oxalate d'argent est redissous ensuite dans un mélange d'ammoniaque et de cyanure potassique et la solution est soumise à l'électrolyse. Il faut faire passer un courant très-faible, d'environ 100 cc de gaz détonnant à l'heure, parce qu'un courant trop fort ne donne pas un dépôt très-adhérent aux parois de la capsule. Le précipité d'argent métallique est lavé à l'eau, à l'alcool et à l'éther.

La solution qui renferme le sel double de cuivre et de potassium est évaporée au bain-marie et on y introduit à chaud 3 à 4 gr d'oxalate ammonique solide. On soumet la solution à un courant assez fort (300 cc de gaz détonnant à l'heure). Le précipité de cuivre est lavé à l'eau, à l'alcool et à l'éther.

Fer et manganèse.

La séparation par électrolyse de ces métaux est basée sur la précipitation du fer en solution d'oxalate double de fer et de potassium ou d'ammoniaque à l'état de fer métallique sur l'électrode négative. Le manganèse se précipite en partie sur l'électrode positive à l'état de peroxyde, la plus grande partie reste cependant en solution. Dissoudre 0,1 à 0,2 gr de fil de fer et environ la même quantité d'oxyde manganoso-manganique dans de l'acide chlorhydrique assez concentré. L'excès d'acide est chassé par évaporation au bain-marie ou bien neutralisé par de l'ammoniaque ou de la potasse. On transforme ensuite le fer et le manganèse en oxalate double au moyen d'une solution concentrée (1:3) et neutre d'oxalate potassique. La solution est portée à l'ébullition et additionnée d'environ 4 gr. d'oxalate ammonique solide. Le liquide a une couleur rouge intense quand le fer s'y trouve dissous à l'état de sel au minimum; il présente au contraire une couleur verte en présence de sel ferrique. On soumet la solution chaude à l'action d'un courant de deux éléments Bunsen. On reconnaît la fin de l'électrolyse par la disparition de la couleur rouge ou verte de la solution, celle-ci devient incolore. Il est bon aussi, pour plus de sûreté, de prélever une goutte de liquide que l'on acidule par de l'acide chlorhydrique et que l'on essaie au sulfocyanure potassique.

Le dépôt de fer a un aspect gris d'acier et adhère fortement à la capsule.

On peut constater pendant l'électrolyse la formation d'acide permanganique rouge au pôle positif. La formation d'un dépôt de peroxyde de manganèse indique que le fer est presque complètement précipité au pôle négatif. Il faut interrompre le courant lorsque tout le fer est précipité sinon il pourrait se former un léger dépôt de peroxyde de manganèse au pôle négatif.

On décante la solution et on lave à l'eau, à l'alcool et à l'éther.

Le précipité de peroxyde de manganèse qui adhère à l'électrode positive est dissous dans de l'acide chlorhydrique; la solution, neutralisée par du carbonate sodique, est réunie à la partie de solution décantée. On expulse l'ammoniaque et on fait bouillir le liquide avec un mélange de carbonate sodique et d'un peu d'hypochlorite alcalin. Le précipité de peroxyde de manganèse est filtré, lavé à l'eau chaude additionnée d'azotate ammonique et pesé à l'état de Mn_3O_4.

Imprimerie de Charles Georgi à Bonn.

TABLEAUX

servant à

L'ANALYSE CHIMIQUE

Première Partie: Caractères des éléments et de leurs combinaisons.

Publiée par

OTTO WALLACH,

Professeur à l'Université de Bonn.

Traduite de l'Allemand

par

JEAN KRUTWIG,

Docteur en sciences naturel'

Chef des travaux chimiques à l'École des mines de Liége.

TABLEAUX

servant à

L'ANALYSE CHIMIQUE

Seconde Partie: Méthodes de recherche et de séparation des éléments.

Publiée par

Aug. Kekulé et Otto Wallach,

Professeurs à l'Université de Bonn.

Traduite de l'Allemand

par

Jean Krutwig,

Docteur en sciences naturelles,

Chef des travaux chimiques à l'École des mines de Liége.

Deuxième Édition française.

Imprimerie de Charles Georgi à Bonn.

Bei Fragen zur Produktsicherheit wenden Sie sich bitte an:
If you have any questions regarding product safety,
please contact:

Walter de Gruyter GmbH
Genthiner Straße 13
10785 Berlin
productsafety@degruyterbrill.com